BEI GRIN MACHT SICH IHR
WISSEN BEZAHLT

AF144510

- Wir veröffentlichen Ihre Hausarbeit,
  Bachelor- und Masterarbeit

- Ihr eigenes eBook und Buch -
  weltweit in allen wichtigen Shops

- Verdienen Sie an jedem Verkauf

Jetzt bei www.GRIN.com hochladen
und kostenlos publizieren

Simone Kaletsch

Vorkenntnisse im mathematischen Anfangsunterricht

GRIN Verlag

Bibliografische Information der Deutschen Nationalbibliothek:

Die Deutsche Bibliothek verzeichnet diese Publikation in der Deutschen National-
bibliografie; detaillierte bibliografische Daten sind im Internet über http://dnb.d-
nb.de/ abrufbar.

Impressum:

Copyright © 2004 GRIN Verlag GmbH
Druck und Bindung: Books on Demand GmbH, Norderstedt Germany
ISBN: 978-3-640-13380-2

Dieses Buch bei GRIN:

http://www.grin.com/de/e-book/51162/vorkenntnisse-im-mathematischen-
anfangsunterricht

Justus-Liebig-Universtität Giessen
Institut für Didaktik der Mathematik

„Grundaufgaben"
Sommersemester 2004

Vorkenntnisse
im mathematischen Anfangsunterricht

Simone Kaletsch

08.05.2004

Inhalt

0.	Einleitung	3
1.	Berücksichtigung von Vorkenntnissen im Anfangsunterricht	3
2.	Mathematische Vorkenntnisse von Schulanfängern	4
2.1.	Untersuchungen	4
2.1.1.	Wissen über den Gebrauch von Zahlen	5
2.1.2.	Kenntnis der Zahlwortreihe	5
2.1.3.	Ziffernkenntnis	6
2.1.4.	Kenntnisse über Maßzahlen	7
2.2.	Fazit der vorgestellten Untersuchungen	9
3.	Berücksichtigung der Ergebnisse im Anfangsunterricht	10
3.1.	Erhebungsmöglichkeiten	10
3.1.1.	Frühe Zusammenarbeit mit den vorschulischen Einrichtungen	11
3.1.2.	Differenzierungsprobe (DP) nach Breuer/Weuffen (1986)	11
3.1.3.	Förderdiagnostische Aufgaben im Unterricht	13
3.1.3.1.	Förderdiagnostische Aufgaben zum visuellen Wahrnehmungsbereich	13
3.1.3.2.	Förderdiagnostische Aufgaben zum auditiven Wahrnehmungsbereich	14
3.1.3.3.	Förderdiagnostische Aufgaben zur Fein- und Grobmotorik	14
3.1.3.4.	Bereichsverbindende förderdiagnostische Aufgaben	15
4.	Resümee	15
5.	Literatur	16

0. Einleitung

Die vorliegende Ausarbeitung befasst sich mit den Vorkenntnissen von Schulanfängern im Mathematikanfangsunterricht. Im ersten Abschnitt wird es darum gehen, wie und warum Vorkenntnisse und Vorerfahrungen im Anfangsunterricht eine Rolle spielen. Ich werde im zweiten Teil exemplarisch einige Untersuchungen vorstellen, die zeigen, welche Vorkenntnisse man bei Schulanfängern durchschnittlich erwarten kann. Im dritten Teil gehe ich darauf ein, welche Rückschlüsse man als Lehrkraft aus solchen Untersuchungen für den eigenen Anfangsunterricht ziehen kann und welcher Handlungsbedarf besteht. Anschließend folgen die Literaturhinweise.

1. Berücksichtigung von Vorkenntnissen im Anfangsunterricht

Die Grundschule ist als einzige für alle Kinder verpflichtende Schule im Schulsystem der Bundesrepublik Deutschland anzusehen. Sie muss grundsätzlich von jedem Kind besucht werden[1], daher besteht im Gegensatz zu den weiterführenden Schulen keine Wahlmöglichkeit, es sei denn, man greift auf eine kostenpflichtige Privatschule zurück. Während die weiterführenden Schulen darauf aufbauen können, dass bereits eine Vorselektierung stattgefunden hat, stellt sich den Grundschulen das Problem, dass sie bei den Schulanfängern der Primarstufe noch nicht auf lehrplanmäßig bestimmbares Vorwissen aufbauen können (vgl. Schorch 1998: 80f). Vielmehr finden sich in einer Anfangsklasse Kinder mit ganz unterschiedlichen Vorkenntnissen und -erfahrungen, die sie aus ihrem ganz persönlichen Lebensraum mitbringen. Daher ist es eine wichtige Aufgabe eines Lehrers/einer Lehrerin, nicht von einem allgemeinem Bild des Kindes auszugehen, sondern die Vorerfahrungen der Kinder ihrer Klasse zu erforschen und sie flexibel in den Unterricht einfließen zu lassen. Ein wirksamer pädagogischer Ausgangsimpuls ist demnach weniger „Ich sage/Ich zeige dir", sondern die (Anknüpfungs-)Frage „Was weißt/kannst du schon?" (vgl. Schorch 1998: 69f). Dabei ist es wichtig, nicht nur inhaltlich sondern auch methodisch an die Vorerfahrungen der Kinder anzuknüpfen, d.h. die vorschulischen Lernformen, die gekennzeichnet sind durch manuelles Handeln, spontanes Experimentieren und freies Spielen, sollten in der Anfangsphase des ersten Schuljahres aufgegriffen werden. Dadurch besteht die Möglichkeit, Kinder langsam an die schulischen Lernformen heranzuführen, denn bis zum Schuleintritt vollzieht sich das Lernen vorrangig im Alltagshandeln durch konkret erlebte

---

[1] Sofern nicht die Notwendigkeit der Sonder- bzw. Förderschulzuweisung vorliegt.

individuelle Erfahrungen während in der Schule das Lernen eher in einem fest vorgegebenen Rahmen stattfindet (vgl. Radatz/Schipper u.a. 1996: 19).

2. Mathematische Vorkenntnisse von Schulanfängern

2.1. Untersuchungen

Dieses Anknüpfen an die Vorerfahrungen und Vorkenntnisse der Kinder gilt ganz allgemein für den Anfangsunterricht, aber natürlich auch im Besonderen für den Mathematikunterricht. Dass es dabei notwendig ist, als Lehrkraft nicht von einem „fiktiven Nullpunkt beim Rechnenlernen" auszugehen, sondern individuelle Ansatzpunkte zu suchen, möchte ich im Folgenden verdeutlichen. Zu diesem Zweck stelle ich exemplarisch einige Untersuchungen vor, die zeigen, dass der Schulbeginn bei den meisten Schulanfängern keineswegs gleichzusetzen ist mit dem Erstkontakt mit Mathematik. An dieser Stelle ist es notwendig, explizit darauf hinzuweisen, dass Untersuchungen zu den mathematischen Vorkenntnissen von Kindergartenkindern bzw. Schulanfängern auf keinen Fall als eine Leistungskontrolle gesehen werden dürfen. Zentrales Anliegen ist tatsächlich immer die Erforschung von Kenntnissen die Kinder vor einer offiziellen Behandlung in der Schule haben, um Unterricht daran anzupassen, denn im Sinne des genetischen Prinzips ist Lernen immer nur ein Weiterlernen und dazu sollte existierendes Wissen aufgegriffen werden. Dabei sind bereits vorhandenes Wissen, Vorerfahrungen und individuelle Denkweisen des Einzelnen für jede Art von Lernprozess wesentlich. Daher konzentrierten sich einzelne Untersuchungen auch noch auf andere Fragestellungen, wie z.B. das Vergleichen der vorhandenen, aber auch der noch unzureichenden Kompetenzen von Schulanfängern mit den Anforderungen gängiger Schulbücher oder auf eine genaue Analyse von Lösungsstrategien leistungsschwacher und leistungsstarker Kinder. Aber ganz gleich, wo der Fokus im Einzelnen liegt, Sinn und Zweck ist ganz grundsätzlich das Anliegen, den Mathematikanfangsunterricht stark am Individuum auszurichten und nicht an einem fiktiven Bild eines Schülers festzumachen (vgl. Krauthausen/Scherer 2003: 164f).

In 2.1.1. gehe ich auf einen Untersuchungsbefund ein, der ganz allgemein das Wissen über den Gebrauch von Zahlen anspricht. Die anschließende Untersuchung, die ich in 2.1.2. kurz erläutern möchte, befasst sich mit der Kenntnis der Zahlwortreihe, danach folgen in 2.1.3. bzw. 2.1.4. Untersuchungen zur Ziffernkenntnis und zu Kenntnissen in Bezug auf Maßzahlen sowie allgemein zur Addition und Subtraktion.

2.1.1.   Wissen über den Gebrauch von Zahlen

Schmidt/Weiser (1982) untersuchten das Wissen von Schulanfängern in Bezug auf den Gebrauch von Zahlen. Sie stellten ihnen in Einzelinterviews die Frage „Wozu braucht man Zahlen? Braucht man Zahlen auch beim Einkaufen, Spielen, Basteln oder Bauen, Backen oder Kochen, Autofahren, Telefonieren? Fällt Dir sonst noch etwas ein, wo man Zahlen braucht?" Nach jeder Teilfrage ließen sie den Kindern eine Pause, um ihre Reaktion abzuwarten. An den Antworten konnten sie erkennen, dass die meisten Schulanfänger offensichtlich schon vielfältige Erfahrungen mit Zahlen gesammelt haben (siehe Tabelle 1). Es tauchten nicht nur die natürlichen Zahlen in ihrer Bedeutung als Kardinal- und Maßzahlen auf, sondern neben Zahlen zum Zwecke der Codierung auch als Ordinal- und Rechenzahlen (vgl. Padberg 1996: 21f).

Allgemeines	Zählen, Rechnen, Schreiben, Geld, Autokennzeichen, Messen, Würfel, Hausnummer, Schreibmaschine, Sport
Einkaufen	Geld, Preise, Kasse, Kassenzettel, Holz in Metern
Spielen	Würfeln, „Mensch ärgere dich nicht", Domino, Tankstelle, Kaufladen, Zahlenmemory, Kinderuhr
Basteln oder Bauen	Messen, Maßband, Lineal, Bauklötze zählen
Backen oder Kochen	Herdknöpfe, Waage, Backofen, Waschmaschine, Geburtstagskuchen, Uhr, Thermometer, Kochbuch, Wecker, Messen von Mehl und Zucker
Autofahren	Tachometer, Uhr, Kennzeichen, Parkscheibe, Gangschaltung, Benzinverbrauch, „Null" (an den Reifen)
Telefonieren	Wählscheibe, Telefonnummer
Sonstiges	TV-Fernbedienung, Buch, Brief, Geldverdienen, Inhalt von Dosen

Tabelle 1: Untersuchung Schmidt/Weiser 1982: "Wozu braucht man Zahlen? Braucht man Zahlen auch beim Einkaufen, Spielen, Basteln oder Bauen, Backen oder Kochen, Autofahren , Telefonieren? Fällt Dir sonst noch etwas ein, wo man Zahlen braucht?" (Padberg 1996: 22)

2.1.2.   Kenntnis der Zahlwortreihe

In dieser Untersuchung zur Kenntnis der Zahlwortreihe von 1982 stellten Schmidt und seine Mitarbeiter 1.138 deutschen Schulanfängern einzeln die Aufgabe: „Zähle soweit du kannst!" Sobald die Kinder einen Fehler machten, wurde ein Zählvermögen bis zur unmittelbar vorhergegangen Zahl konstatiert. Bei der Fehlerfeststellung waren sie sehr streng, d.h. sie brachen selbst bei Fehlern ab, die ein Kind selbständig korrigierte und danach korrekt weiterzählte. Selbst bei dieser vorsichtigen Feststellung des Zählvermögens zeigten die Kinder überraschend hohe Leistungen (siehe Tabelle 2): Praktisch alle Kinder konnten bis 10 zählen und knapp die Hälfte der Schulanfänger sogar schon bis 29, wobei erwartungsgemäß ein Unterschied zwischen ausländischen und deutschen Kindern bestand. Die 20 war eine Zahl, bei der besonders viele Abbrüche erfolgten, denn man geht allgemein davon aus, dass die Zahlenreihe bis 20 zumeist systematisch auswendig gelernt wird, ohne dass die Kinder schon Einsicht in das Prinzip des Zählens erlangt haben. Wie die Untersuchung bestätigte, ist das Durchschauen des Prinzips in der Regel erst dann der Fall, wenn fehlerfrei bis mindestens 50 oder weiter gezählt werden kann. Wie man im Vergleich mit einer 1909 von Räther durchgeführten Untersuchung deutlich ersehen kann (siehe Tabelle 2), gibt es gravierende Fortschritte der gegenwärtigen Schulanfänger bezüglich der Kenntnisse der Zahlwortreihe. Die Vermutung liegt nahe, dass die 1909 von Räther untersuchten 1.217 Schulanfänger wesentlich schlechter abschnitten, da sie u.a. weder durch das Fernsehen noch durch einen Kindergarten mit Zahlen in Kontakt kamen (vgl. Padberg 1996: 10-12).

Erreichte Zahl	Prozentsatz der Kinder bei Räther, 1909	Prozentsatz der Kinder bei Schmidt, 1982	Kommentar zu den Ergebnissen von Schmidt, 1982
mindestens 5	90,7	99,4 %	Praktisch alle Kinder können bis 10 zählen.
mindestens 10	78,1 %	96,8 %	Es erfolgen kaum Abbrüche in dem Bereich.
mindestens 15	k.A.	ca. 84 %	In diesem Abschnitt erfolgt jeweils ein
mindestens 20	44,7 %	70,0 %	steiler Abfall. Es gibt hier viele Abbrüche
mindestens 30	20,8 %	44,7 %	beim Zählen.
mindestens 40	12,8 %	32,9 %	
mindestens 50	8,9 %	28,2 %	Wer beim Zählen bis hierhin gelangt, hat das
mindestens 60	k.A.	ca. 23 %	Prinzip durchschaut. Daher gibt es hier nur
mindestens 70	k.A.	ca. 20 %	noch jeweils wenige Abbrüche.
mindestens 80	k.A.	ca. 18 %	
mindestens 90	k.A.	ca. 16 %	
mindestens 100	4,7 %	15,1 %	

Tabelle 2: Leistungen der Schüler im verbalen Zählen (vgl. Radatz/Schipper 1983: 48 und vgl. Padberg 1996: 11)

2.1.3.   Ziffernkenntnis

Eine weitere Untersuchung von Schmidt (1982) zur Ziffernkenntnis zeigte, dass im Durchschnitt jeder Schulanfänger 9 Ziffern lesen kann bzw. dass drei Viertel dieser Kinder sogar alle 10 Ziffern richtig lesen können. Die Leistungen beim Ziffernlesen sind damit sehr viel höher als beim (schwereren) Ziffernschreiben, denn ein Schulanfänger kann im Durchschnitt nur 5 – 6 Ziffern richtig schreiben (siehe Tabelle 3/Ergebnisse der Aufgabe: „Schreibe die Ziffer 1/2/.../9"). Für eine Klasse von 20 Schülern bedeutet das im statistischen Mittel gesehen, dass rund 7 Schüler 8 und mehr Ziffern schreiben können, 5 Schüler dagegem maximal 3 Ziffern. Diese Daten verdeutlichen, dass die Vorkenntnisse beim Ziffernschreiben sehr unterschiedlich sind und dass diese Tatsache im Unterricht unbedingt beachtet werden sollte (vgl. Padberg 1996: 12f).

Ziffer	richtig (%)	lesbar (%)	Spiegelbildlich (%)	falsch/nicht bearbeitet (%)
0	87	4	0	9
1	67	3	26	5
2	50	12	13	25
3	56	5	23	16
4	55	8	15	22
5	48	6	15	31
6	48	6	18	27
7	40	10	18	33
8	62	14	0	24
9	34	9	20	38

Tabelle 3.: Kenntnisse der Schulanfänger im Ziffernschreiben (Padberg 1996: 12)

2.1.4. Kenntnisse über Maßzahlen

Um Kenntnisse über den Umgang von Schulanfängern mit Situationen mit Maßzahlen zu erlangen, führten Schmidt/Weiser (1986) eine Untersuchung mit 24 Kindergartenkindern durch. Es wurden ihnen Aufgaben zum Messen, zur Maßzahlrepräsentierung, zum Ordnen und zum Addieren von Längen, Gewichten, Geldwerten und Zeitspannen gestellt.

Zusammenfassend kann man sagen, dass bei etwa der Hälfte der untersuchten Kinder die Idee der Längenmessung vorhanden war und fast alle Kinder bei der Maßzahlrepäsentierung von Längen erfolgreich waren. Auch bei den Geldwerten löste etwa die Hälfte der Kinder die Aufgabe zum Messen im Sinne der Maßidee sowie die Aufgabe zur Maßzahlrepräsentierung. Bei den Gewichten und Zeitspannen fielen die Ergebnisse anders aus, denn nur drei Kinder verfügten bei den Gewichten über eine Maßidee, während bei den Zeitspannen keines der Kinder eine Maßidee hatte. Bei der Maßzahlrepräsentierung sahen die Ergebnisse genauso aus. Bei den Aufgaben zum Ordnen wurden die gestellten Aufgaben zu allen vier Größenarten von fast allen Kindern richtig gelöst. Die Aufgaben zur Addition von Längen und Geldwerten, aber auch zu den Gewichten und Zeitspannen wurden insgesamt von jeweils mehr als der Hälfte der Kinder erfolgreich gelöst (vgl. Padberg 1996: 18-21).

Die Erfahrung, dass Schulanfänger durchaus schon über beachtliche Vorerfahrungen bezüglich einfachen Additionsaufgaben verfügen, bestätigt auch eine Untersuchung von Hendrickson (1979). Er stellte 57 Schülern eines 1. Schuljahres, die durch Zufall aus 12 Klassen an 6 Schulen ausgewählt wurden, unmittelbar nach Schuleintritt einzeln folgende Aufgaben zur Addition:

1.) „Lege zwei von deinen Klötzen vor dich hin. Wenn ich dir sieben von meinen Klötzen gebe, wie viel hast du dann insgesamt?" (2 + 7/Summe < 10).)
2.) „Lege acht von deinen Klötzen vor dich hin. Wenn ich dir dreizehn von meinen Klötzen gebe, wie viel hast du dann insgesamt?" (8 + 13/Summe > 20)

Wie man auch in der Tabelle 4 sehen kann, lösten fast 90% der Kinder die erste Aufgabe richtig, wobei der Anteil der Schüler, die kein Material benutzten, überraschend hoch war. Die zweite Aufgabe, bei der das Ergebnis nicht mehr kleiner als 10 ist, wurde von knapp der Hälfte der Schüler erfolgreich bearbeitet. Auffallend war jedoch, dass die meisten auf die bereitgestellten Klötzchen zurückgreifen mussten (vgl. Padberg 1996: 75f). Zusätzlich stellte Hendrickson in seiner Untersuchung noch folgende Aufgaben zur Subtraktion:

1.) Lege 8 von deinen Klötzchen vor dich hin. Wenn du mir 5 von deinen Klötzchen gibst, wie viele Klötzchen hast du dann noch? (8 - 5)
2.) Lege 8 von deinen Klötzchen vor dich hin. Wenn du mir 3 von deinen Klötzchen gibst, wie viele Klötzchen hast du dann noch? (8 - 3)
3.) Lege 14 von deinen Klötzchen vor dich hin. Wenn du mir 6 von deinen Klötzchen gibst, wie viele Klötzchen hast du dann noch? (14 - 6)
4.) Lege 14 von deinen Klötzchen vor dich hin. Wenn du mir 8 von deinen Klötzchen gibst, wie viele Klötzchen hast du dann noch? (14 - 8)

Die überraschend positiven Ergebnisse lassen sich deutlich aus Tabelle 4 herauslesen. Die Erfolgsquote lag noch höher als bei der Addition, obwohl die Subtraktion allgemein als schwieriger angesehen wird. Sämtliche Aufgaben wurden aber überwiegend mit Hilfe von

Material gelöst, allerdings konnte auch eine nicht geringe Anzahl von Schülern darauf verzichten (vgl. Padberg 1996; 94f).

	Sofort richtig (%)		Antwort <u>ursprünglich</u> zögernd oder falsch. Nach dem Hinweis: „Benutze die Klötze." Antwort (%)		Insgesamt richtig (%)
	<u>Mit</u> Materialbenutzung	<u>Ohne</u> Materialbenutzung	richtig	falsch	
Addition: Aufgabe 1 (2 + 7)	11	40	39	11	89
Addition: Aufgabe 2 (8 + 13)	11	9	28	53	47
Subtraktion: Aufgabe 1 (8 – 5)	47	33	18	2	98
Subtraktion: Aufgabe 2 (8 – 3)	49	42	5	4	96
Subtraktion: Aufgabe 3 (14 – 6)	75	11	12	2	98
Subtraktion: Aufgabe 4 (14 – 8)	77	21	0	2	98

Tabelle 4: Vorkenntnisse von Schulanfängern zur Addition sowie zur Subtraktion (Padberg 1996: 76 und 95)

2.2.   Fazit der vorgestellten Untersuchungen

An diesen exemplarisch vorgestellten Untersuchungen und ihren Ergebnissen kann man eindeutig erkennen, dass bei Schulanfängern erstaunliche Vorkenntnisse im Umgang mit mathematischen Inhalten vorhanden sind. Wie man aber besonders deutlich bei der Untersuchung zum Schreiben von Ziffern sehen kann, gibt es aber im Einzelnen Unterschiede zwischen den Kindern, denn die Bandbreite des Vorwissens ist groß. Weitere Untersuchungen, auf die ich hier nicht näher eingehen werde, bestätigen diese Erkenntnisse. Es zeigt sich immer wieder, dass Kinder im Vorschulalter sehr wohl die Fähigkeiten und den

Willen zum Folgen von mathematischen Gedankengängen besitzen, allerdings sind ihre Konzentrationsphasen noch extrem kurz und bewegen sich im Minutenbereich. Erwähnenswert ist, dass offensichtlich viele Lehrkräfte die arithmetischen Fähigkeiten der Schulanfänger unterschätzen, auch viele Schulbücher beachten die Grundkompetenzen der Kinder zu wenig (vgl. Radatz/Schipper u.a. 1996: 20). Welchen Nutzen Lehrerinnen und Lehrer daher für ihren Anfangsunterricht ganz speziell aus solchen Untersuchungen ziehen können, werde ich im nächsten Abschnitt aufgreifen.

3.   Berücksichtigung der Ergebnisse im Anfangsunterricht

Für den zukünftigen Anfangsunterricht können Lehrkräfte anhand der eben vorgestellten Untersuchungen einige wichtige Punkte erkennen. Es wird eindeutig klar, dass der Unterricht immer an den Vorkenntnissen und Vorerfahrungen der Kinder ausgerichtet sein muss. Das schließt einen Unterricht aus, der mit allen Schulanfängern bei einem fiktiven Nullpunkt ansetzt, denn es sind auf jeden Fall Unterschiede zwischen den Kenntnisständen von Kindern zu beobachten. Das bedeutet, dass der Anfangsunterricht offen und differenziert gestaltet werden muss, damit jedes Kind individuelle Fortschritte machen kann und sich nicht einem gleichschrittigen Mathematiklehrgang unterordnen muss. Die Lehrkraft kann sich nicht nur am Lehrplan bzw. an den Schulbüchern orientieren, denn beide spiegeln nur die im Durchschnitt erwartbaren Leistungen wider. Vielmehr muss sie ein Kompetenzprofil ihrer Klasse erstellen und schauen, wo bei den Kindern die Stärken und die Schwächen liegen. So kann die Lehrkraft einen effektiven Ausgangspunkt für den weiteren Mathematikunterricht bestimmen und nach sinnvollen Differenzierungsmöglichkeiten suchen. (vgl. Radatz/Schipper u.a. 1996: 20). Um dieses sogenannte Kompetenzprofil der einzelnen Kinder zu erstellen gibt es mehrere Möglichkeiten, auf die ich in 3.1. näher eingehen werde.

3.1.   Erhebungsmöglichkeiten

Ein differenzierter, die Möglichkeiten und Grenzen des einzelnen Kindes berücksichtigender Unterricht bedarf einer sorgfältigen Lernstandsbestimmung. Im Folgenden werde ich drei Instrumentarien erläutern, die der Lehrkraft bei dieser Aufgabe eine große Hilfe sein können und die sich gegenseitig ergänzen. Um sich ein Kompetenzprofil für die eigene Klasse zu erstellen, bietet sich zum Ersten natürlich die Zusammenarbeit mit den vorschulischen Einrichtungen an. Zum Zweiten werde ich die Differenzierungsprobe nach Breuer/Weuffen erläutern, mit der sich die Lehrkraft zumindest einen ersten Überblick verschaffen kann. Anschließend gehe ich auf ergänzende förderdiagnostische Aufgaben im Unterricht ein.

Alle diese genannten Erhebungsmöglichkeiten berücksichtigen die Tatsache, dass Störungen im Wahrnehmungs- und Vorstellungsbereich als Hauptursachen für Schwierigkeiten im arithmetischen Anfangsunterricht anzusehen sind. Werden diese Störungen erkannt, kann die Lehrkraft gezielte Maßnahmen ergreifen und jedes Kind individuell, frühzeitig und sinnvoll fördern. (vgl. Radatz/Schipper u.a. 1996: 23).

3.1.1. Frühe Zusammenarbeit mit den vorschulischen Einrichtungen

Eine gute Möglichkeit, um schon vor offiziellem Schulbeginn etwas über die zukünftigen Schüler und ihre speziellen Begabungen und auch Defizite zu erfahren, ist natürlich eine Zusammenarbeit mit den vorschulischen Einrichtungen. Die meisten Kinder gehen heute in den Kindergarten, so dass es hilfreich ist, frühzeitig Kontakt mit den Erzieherinnen und Erziehern aufzunehmen. Diese haben normalerweise. das kindliche Verhalten über einen längeren Zeitraum näher beobachtet und können den Lehrkräften in Gesprächen gezielte Hinweise u.a. auf Störungen im Wahrnehmungs- und Vorstellungsbereich geben. Ideal wäre es, wenn Lehrkräfte ihre künftigen Schüler schon bei Hospitationen kennen lernen könnten und so auch die Möglichkeit hätten, einen Einblick in die Arbeitsweisen des Kindergartens zu bekommen. Das würde es ihnen leichter machen, an die methodischen und inhaltlichen Vorerfahrungen der Kindergartenkinder anzuknüpfen. Sofern zeitlich realisierbar, wären auch gemeinsame Unternehmungen wie Feste, Ausflüge usw. für das frühzeitige Kennenlernen hilfreich (vgl. Schorch 1998: 87f sowie Radatz/Schipper u.a. 1996: 24)).

3.1.2. Differenzierungsprobe (DP) nach Breuer/Weuffen (1986)

Die Differenzierungsprobe (DP) nach Breuer/Weuffen (1986) kann von der Lehrkraft in den ersten sechs Wochen als ein unterstützendes Diagnoseinstrument eingesetzt werden. Sie kann sich so einen Überblick verschaffen, inwieweit bei einem Kind die Fähigkeit zur Differenzierung der sinnlich wahrnehmbaren Merkmale, die im Anfangsunterricht dominieren, besteht. Mit der DP können Aussagen über phonematische, optische, kinästhetische, rhythmische und melodische Differenzierungsfähigkeiten des Schulanfängers gemacht werden (vgl. Radatz/Schipper u.a. 1996: 23f).

„Die Aufgabenstellungen lassen sich folgendermaßen umreißen:

Überprüfung der optischen Differenzierung:
Dem Kind werden Bildtafeln mit 5 verschiedenen Zeichen vorgelegt. Die Zeichen werden zusätzlich von der Lehrerin mit Wörtern beschrieben. Das Kind soll jeweils ein Zeichen nachmalen.

Überprüfung der phonematischen Differenzierung
Die Lehrerin zeigt Bilder, auf denen Gegenstände abgebildet sind, deren Namen ähnlich klingen, z.B. Teller und Keller. Die Lehrerin sagt nun ein Wort und das Kind zeigt auf das Bild, auf dem der genannte Gegenstand zu sehen ist.

Überprüfung der kinästhetischen Differenzierung:
Die Lehrerin spricht dem Kind ein Wort in Silben gegliedert vor. Das Kind muss das Wort sauber nachsprechen, z.B. Post-kut-sche.

Überprüfung der melodischen Differenzierung:
Das Kind soll das Lied „Alle meine Entchen" oder ein Lied seiner Wahl sowohl mit richtiger Melodie als auch im richtigen Rhythmus vorsingen.

Überprüfung der rhytmischen Differenzierung:
Dem Kind wird ein Takt vorgeklatscht, den es nachklatschen soll. Damit es die Klatschbewegungen nicht visuell wahrnehmen kann, steht es mit dem Rücken zur Lehrerin. "

(zitiert nach Radatz/Schipper u.a. 1996: 23/24)

Der Lehrkraft steht für die Arbeit mit der DP ein Protokollblatt zur Verfügung, auf das sie die Befunde für jedes Kind eintragen kann. Die Ergebnisse können hinterher in einer Klassenliste zusammengefasst werden, damit leichter zu erkennen ist, ob mehrere Kinder in denselben Bereichen Probleme haben. Wenn die Lehrkaft z.B. feststellt, dass mehrere Kinder im Bereich der optischen Differenzierung Schwierigkeiten haben, ist anzunehmen, dass diese in einem hauptsächlich visuell geprägten Unterricht nicht erfolgreich mitarbeiten könnten. Es bestünde daher die Notwendigkeit, betroffene Kinder durch gezielte Aufgaben in dem Bereich der visuellen Wahrnehmung zu fördern, aber auch genügend andere Wahrnehmungsbereiche im Unterricht anzusprechen (vgl. Radatz/Schipper u.a. 1996: 23f).

Man darf aber auf keinen Fall außer Acht lassen, dass die DP nur Tendenzen beschreibt und die gemachten Befunde gezielt gesichert werden müssen. Das kann, wie bereits erwähnt, durch die Zusammenarbeit mit den vorschulischen Einrichtungen geschehen und durch Gespräche mit Eltern, Ärzten etc. ergänzt werden. Die „dritte Säule" dieses diagnostischen Verfahrens ist dann die gezielte Beobachtung im Unterricht, auf die ich im folgenden Abschnitt noch eingehen werde (vgl. Radatz/Schipper u.a. 1996: 23f).

3.1.3. Förderdiagnostische Aufgaben im Unterricht

Um einen effektiven Unterricht anbieten zu können, gilt es für die Lehrkraft vornehmlich in den ersten sechs Wochen festzustellen, inwieweit einzelne Fähigkeiten und Fertigkeiten bei den Schulanfängern bereits ausgeprägt sind. Dabei geht es aber nicht um ein systematisches Abtasten, sondern um ein Beobachten der Kinder bei der praktischen Arbeit im Unterricht. Wird dabei festgestellt, dass ein Kind bestimmte, für das Mathematiklernen notwendige Fähigkeiten und Fertigkeiten noch nicht besitzt, kann es durch Übungssequenzen, die auf diese Entwicklungsrückstände abgestimmt sind, gefördert werden. Einige Übungen und Aufgaben, die gleichzeitig zur Diagnostik und zur Förderung eingesetzt werden können, werde ich hier ansprechen. Es gibt natürlich noch andere Möglichkeiten, sie sollten natürlich immer nach den individuellen Gegebenheiten in der Klasse ausgewählt werden (vgl. Radatz/Schipper u.a. 1996: 24ff).

Die förderdiagnostischen Aufgaben, die zur Bestimmung der Lernausgangslage sowie zur Förderung von Defiziten gedacht sind, lassen sich bestimmten Wahrnehmungs- und Vorstellungsbereichen zuordnen. Ich werde exemplarisch auf die Bereiche der auditiven und visuellen Wahrnehmung bzw. visuellen Diskriminierung und Vorstellung sowie der Fein- und Grobmotorik näher eingehen und gleichzeitig auf mögliche Probleme bei Defiziten hinweisen. Weitere Bereiche können Übungen zur Auge-Hand-Koordination, zur Raum-/Lagebeziehung, zur Konzentration bzw. Gedächtnis/Speicherfähigkeit, zum Zählverhalten, zum Zahlverständnis, zu Mengen- bzw. Anzahlvergleichen oder zum Schreiben und Lesen von Zahlen sein. Es ist noch wichtig zu erwähnen, dass sich nur Übungen eignen, die konkretes Handeln erfordern und spielerischen Charakter haben, d.h. „Handeln auf einem Arbeitsblatt" wird nicht zum konkreten Handeln gezählt und sollte daher in den ersten sechs Wochen nicht erfolgen (vgl. Radatz/Schipper u.a. 1996: 24 – 33).

3.1.3.1. Förderdiagnostische Aufgaben zum visuellen Wahrnehmungsbereich

Rechenschwache Schüler haben häufig Probleme, visuelle Vorstellungen, Bilder von Zahlen, zu entwickeln und damit gedanklich zu kooperieren. Für diese Kinder ist es schwierig Handlungen mit didaktischem Material auf die ikonische Ebene zu übertragen oder sie zeigen Schwächen bei der Figur-Grund-Unterscheidung, was wiederum auch zu Orientierungsproblemen auf Heft- und Buchseiten führt (vgl. Radatz/Schipper u.a. 1996: 28 – 29 und 32).

Als förderdiagnostische Übungen eignen sich hier z.B. Kim-Spiele, bei denen von der Lehrkraft Veränderungen an einer Person, einem Raum etc. vorgenommen werden, die vom Kind erkannt werden sollen. Die Veränderung kann in unterschiedlichen Schwierigkeitsstufen erfolgen, d.h. diese Spiele eignen sich besonders gut zum Differenzieren. Das trifft auch für Übungen wie „Schau genau"-Spiele, Reihen fortsetzen (z.b. mit Muggelsteinen), Muster am Geobrett nachspannen, Puzzles, Memorys oder Suchbilder („Hier haben sich Fehler eingeschlichen") zu. Die Lehrkraft kann so beobachten, ob das Kind gleiche Gegenstände erkennt, ob es Falsches aussortieren kann usw. (vgl. Radatz/Schipper u.a. 1996: 27)

3.1.3.2. Förderdiagnostische Aufgaben zum auditiven Wahrnehmungsbereich

Defizite im Bereich der auditiven Wahrnehmung können weitreichende Folgen haben. Man muss immer davon ausgehen, dass die auditive Wahrnehmung selektiv ist, d.h. „man hört nur, was man hören möchte". Störungen in diesem Bereich führen zum Beispiel zu Fehlleistungen beim Kopfrechnen, zum Vergessen von Aufgabenstellungen oder größeren Zahlen, Zwischenergebnisse werden vergessen bzw. erst gar nicht abgespeichert (vgl. Radatz/Schipper u.a. 1996: 29).

Förderdiagnostische Übungen wie Hördomino[2], Instrumente erkennen, Verkehrsgeräusche erkennen oder Rhythmen aufnehmen, klopfen und verändern können Defizite in diesem Bereich erkennen lassen. Die Lehrkraft kann beobachten, ob das Kind Geräusche identifizieren oder wiedergeben kann und diese Übungen auch gezielt zur Förderung einsetzen (vgl. Radatz/Schipper u.a. 1996: 27).

3.1.3.3. Förderdiagnostische Aufgaben zur Fein- und Grobmotorik

Auch im Bereich der Fein- und Grobmotorik ist es sinnvoll, Defizite möglichst frühzeitig zu erkennen und passende Fördermaßnahmen einzuleiten. Frühkindliche Störungen der Motorik sowie eine mangelnde Körpererfahrung können nämlich dazu führen, dass ein Kind Schwierigkeiten bei der Unterscheidung von Rechts und Links hat. Diese Unterscheidung ist aber sowohl für den Rechenlehrgang als auch für das Schreiben- und Lesenlernen sehr wichtig (vgl. Radatz/Schipper u.a. 1996: 29).

Um den Entwicklungsstand eines Kindes in diesem Bereich zu erkennen oder zu fördern, eignen sich Aufgaben wie Wege und Figuren laufen, Schneid- und Faltübungen, Kneten,

---

[2] Für ein Hördomino kann man eine gerade Anzahl von Filmdosen mit verschiedenen Materialien wie z.B. Nudeln, Stecknadeln, Wasser u.ä. füllen. Immer zwei Geräuschedosen müssen dabei mit dem gleichen Material befüllt sein. Durch Schütteln und Vergleichen der Geräusche müssen die jeweils zusammenpassenden Dosen identifiziert werden.

Matschen, Formen nach Vorgaben oder auch Tanz- und Bewegungsspiele. Im Rahmen der Diagnostik hat die Lehrkraft dabei die Aufgabe, das Kind genau zu beobachten und festzustellen, wie es läuft, ob es einen ausgeprägten Gleichgewichtssinn hat, ob es Schnürsenkel binden kann und ähnliches. Diese Möglichkeiten müssen natürlich nicht nur im Mathematikunterricht aufgegriffen werden. Gerade im Bereich der Grobmotorik kann man viele Übungen auch im Sportunterricht durchführen (vgl. Radatz/Schipper u.a. 1996: 28)

3.1.3.4.   Bereichsverbindende förderdiagnostische Aufgaben

Selbstverständlich gibt es auch Übungen, die verschiedene Bereiche abdecken bzw. Bereiche verbinden. Eine sehr beliebte förderdiagnostische Übung zur Verbindung von Sehen, Hören und Bewegen sind zum Beispiel Weglasslieder. Dabei wird zuerst ein Lied mit entsprechenden Bewegungen gesungen und schließlich unter Beibehaltung des Taktes nur durch Bewegungen ausgefüllt.

Beispiellied: „Mein Hut, der hat drei Ecken, drei Ecken hat mein Hut und hätt' er nicht drei Ecken, so wär' es nicht mein Hut."

Bewegung für „mein Hut":   Hände auf dem Kopf zu einem Dach formen

Bewegung für „drei":   3 Finger zeigen

Bewegung für „Ecken":   mit den Händen eine Ecke andeuten

(vgl. Radatz/Schipper u.a. 1996: 29)

4.   Resümee

In der Ausarbeitung des Referats wurde deutlich, dass es für den Mathematikanfangsunterricht notwendig ist, eine genaue Lernstandsbestimmung der einzelnen Kinder durchzuführen. Einige Kinder kommen mit vielen Vorkenntnissen und Fähigkeiten in die Schule, andere haben in verschiedenen Bereichen noch Defizite. Als Lehrer bzw. Lehrerin muss man sich bewusst sein, dass man keine homogene Klasse vor sich hat, mit der man gleichschrittig lernen kann. Vielmehr muss man für ein erfolgreiches und motiviertes Arbeiten die Vorkenntnisse und Vorerfahrungen ernst nehmen und an sie anknüpfend den Unterricht darauf ausrichten. Das bedeutet, dass Differenzieren notwendig ist, damit jedes Kind seinem eigenen Lerntempo und Entwicklungsstand entsprechend lernen kann. Besonders wichtig ist, abschließend zu erwähnen, dass das Bestimmen der Lernausgangslage und das daraus resultierende Differenzieren nicht nur im Anfangsunterricht wichtig ist, sondern für den Unterricht in allen Jahrgangsstufen eine Rolle spielen sollte.

5.   Literatur

Krauthausen, Scherer: Einführung in die Mathematikdidaktik. Mathematik Primar- und Sekundarstufe. Heidelberg, Berlin, Oxford: Spektrum Akademischer Verlag, 2003.

Padberg, Friedhelm: Didaktik der Arithmetik. Mathematik Primar- und Sekundarstufe. Heidelberg, Berlin, Oxford: Spektrum Akademischer Verlag, 1996[2].

Radatz, Schipper: Handbuch für den Mathematikunterricht an Grundschulen. Hannover: Schroedel Verlag, 1983.

Radatz, Schipper u.a.: Handbuch für den Mathematikunterricht 1. Schuljahr. Anregungen zur Unterrichtspraxis. Hannover: Schroedel Verlag, 1996.

Schorch, Günther: Grundschulpädagogik – eine Einführung. Studientexte zur Grundschulpädagogik und –didaktik. Bad Heilbrunn: Klinkhardt, 1998.